Daniel Reißmann

Ökonomischer Strukturwandel im ländlichen Raume in Deutschland

Instrumente und Politikansätze

GRIN Verlag

Bibliografische Information der Deutschen Nationalbibliothek:

Die Deutsche Bibliothek verzeichnet diese Publikation in der Deutschen Nationalbibliografie; detaillierte bibliografische Daten sind im Internet über http://dnb.d-nb.de/ abrufbar.

Impressum:

Druck und Bindung: Books on Demand GmbH, Norderstedt Germany
ISBN: 978-3-656-43739-0

Dieses Buch bei GRIN:

http://www.grin.com/de/e-book/214812/oekonomischer-strukturwandel-im-laendlichen-raume-in-deutschland

UNIVERSITÄT LEIPZIG

WIRTSCHAFTSWISSENSCHAFTLICHE FAKULTÄT

Institut für Infrastruktur und Ressourcenmanagement

Ländliche Räume in Deutschland –

Instrumente und Politikansätze

Seminararbeit

im Modul

Land Management

vorgelegt von

Daniel Reißmann

Abgabe

10.07.2012

Inhaltsverzeichnis

Abbildungsverzeichnis

Tabellenverzeichnis

Abkürzungsverzeichnis

ARL	Akademie für Raumforschung und Landesplanung
BBR	Bundesamt für Bauwesen und Raumordnung
BIP	Bruttoinlandsprodukt
BMELV	Bundesministerium für Ernährung, Landwirtschaft und Verbraucherschutz
BMWi	Bundesministerium für Wirtschaft und Technologie
EFRE	Europäischer Fonds für regionale Entwicklung
ELER	Europäischer Landwirtschaftsfonds für die Entwicklung des ländlichen Raums
GRW	Gemeinschaftsaufgabe „Verbesserung der regionalen Wirtschaftsstruktur“
GAK	Gemeinschaftsaufgabe „Verbesserung der Agrarstruktur und des Küstenschutzes“
LEADER	Liaison entre actions de développement de l'économie rurale
MKRO	Ministerkonferenz für Raumordnung
OECD	Organisation for Economic Co-operation and Development
PPP	Public Private Partnership
ROG	Raumordnungsgesetz
TL	Territorial Levels (Territorialebenen)

1. Einleitung

Nicht selten gelten die peripheren Gebiete, vorrangig im Osten der Republik, als sozioökonomische Problembereiche (Friedrich et al. 2009.). Der ökonomische Strukturwandel und der demografische Wandel lassen sich als zentrale Faktoren für die Abwärtsentwicklung im ländlichen Raum nennen (Dehne et al. 2008). Als Folge dieser Entwicklung können grundlegende Funktionen der öffentlichen Daseinsvorsorge nicht mehr wahrgenommen werden, da keine wirtschaftliche Tragfähigkeit gewährleistet ist. Die Prozesse verstärken sich gegenseitig und führen zu einer Abwärtsspirale, welche die Chancen den Entwicklungen entgegen zu wirken zunehmend verkleinert (Dehne et al. 2008).

Die starke Heterogenität der Regionen in Deutschland erweist sich als besonders schwierig (Mose & Nischwitz 2009). Ein einheitlicher Politikansatz ist daher nur schwer umsetzbar. Zudem ist die Sinnhaftigkeit eines derartigen Vorgehens zu hinterfragen. Als vorteilhafter erweist sich möglicherweise ein einheitlicher Ansatz für schrumpfende ländliche Räume und ein einheitlicher Ansatz für wachsende ländliche Räume. Den schrumpfenden Gebieten sollte allerdings eine größere Aufmerksamkeit gewidmet werden, da in diesen Gebieten eine Konsolidierung nötig ist.

Ein frühzeitiges Erkennen von Problemregionen und damit einhergehendes Handeln ist aufgrund der vorherrschenden Lage unabdingbar. Bund, Länder und Kommunen stehen in der Pflicht mit geeigneten politischen Instrumenten entgegen zu lenken. Ob die aktuellen Instrumente ausreichen und welche zusätzlichen Möglichkeiten es für eine nachhaltige Regionalentwicklung im peripheren Raum gibt, wird in vorliegender Arbeit untersucht.

Zur Einführung in die Thematik wird sich zu Beginn der Arbeit mit den Begriffen „Ländlich" beziehungsweise „Ländlichkeit" auseinander gesetzt. Zwei Definitionen sollen ein Verständnis dafür geben, was die wichtigsten Kriterien dafür sind, dass ein Gebiet als ländlich anzusehen ist. Im Anschluss werden die ländlichen Räume in Deutschland betrachtet. Die aktuelle Situation und der prognostizierte Trend stehen im Mittelpunkt. Welche Instrumente und politischen Mittel bestimmend für den ländlichen Raum in Deutschland sind, wird folgend untersucht. Schlussendlich werden Verbesserungspotentiale und Handlungsempfehlungen mit denen die ländliche Politik optimiert werden kann vorgestellt.

2. Was ist ländlich – Definition von Ländlichkeit

Der ländliche Raum liegt trivialer Weise außerhalb der urbanen Kerne und ist dünner besiedelt als die Verdichtungsräume (Spangenberg 2008). Allerdings ist diese Definition zu einfach, als dass sie als Grundlage für eine Politik des ländlichen Raumes dienen kann. Weiterhin ist die Heterogenität von ländlichen Räumen zu stark ausgeprägt, als dass eine einfache Stadt – Land Abgrenzung zur Beschreibung genügt. Nach Spangenberg existiert „nicht der ländliche Raum [...]“ und es herrscht „keine Dichotomie zwischen Stadt und Land.“ (Spangenberg 2008, S. 2).

Daher das es keine klare Abgrenzung zwischen ländlich und nicht ländlich gibt, sind mehrere Definitionen des ländlichen Raumes möglich. Für Deutschland bietet sich die Definition des Bundesamts für Bauwesen und Raumordnung (BBR) an, da sich die deutsche Politik sehr stark an dieser Strukturierung orientiert. Als Beispiel für eine andere Definition wird die der Organisation für wirtschaftliche Zusammenarbeit und Entwicklung (OECD) angebracht. Die OECD Definition bezieht auch Daten aus dem Ausland mit ein und besitzt daher eine breitere Datengrundlage. Die OECD Definition ist allerdings um einiges grober, als die des BBR da sie für ein größeres Betrachtungsgebiet – Europa bzw. den gesamten Bereich der OECD Mitglieder – entwickelt wurde.

Nach der BBR Typisierung existieren in Deutschland drei dominierende Raumtypen. Diese sind:

- **Agglomerationen:** Diese Raumkategorie wurde in den sechziger Jahren von der Ministerkonferenz für Raumordnung (MKRO), aufgrund erhöhter Konzentration von Einwohnern und Arbeitsplätzen abgegrenzt (ARL 2012). Sie werden auch oft als Verdichtungsräume bezeichnet und durch Siedlungsdichte (Einwohner pro Hektar) und Siedlungsflächenanteil (Anteil der Siedlungs – und Verkehrfläche an der gesamten Gemarkungsfläche in Prozent) definiert. Die Siedlungsdichte sollte größer als 15 Einwohner pro Hektar sein und der Siedlungsflächenanteil sollte über 25 % liegen. Darüber hinaus sollten Verdichtungsräume mehr als 150.000 Einwohner im zusammenhängenden Gebiet aufweisen.
- **Stadt – Umland Bereiche:** Auch diese Raumkategorie definiert sich über die Siedlungsdichte und den Siedlungsflächenanteil. Eine Siedlungsdichte von 7,5 Einwohnern bis 15 Einwohnern pro Hektar und ein Siedlungsflächenanteil von 10 % bis unter 25 % beschreibt diese Raumkategorie.
- **Ländliche Räume:** Bei dieser Raumkategorie ist ein Siedlungsflächenanteil von unter 10 % und eine Siedlungsdichte von weniger als 7,5 Einwohnern pro Hektar typisierend.

Neben diesen drei Raumkategorien lassen sich diverse andere Typisierungen vornehmen. So ist eine Einteilung nach Wachstumsregion und Schrumpfungsregion bei Problemorientierten Ansätzen zu erwarten (Akademie für Raumforschung und Landesplanung (ARL) 2012). Zudem ist eine genauere Differenzierung bei regionaler oder lokaler Betrachtung von Vorteil. So kann der ländliche Raum zusätzlich in ländlich geprägt mit Verdichtungsansätzen und ländlich – peripher eingeteilt werden. Stadtregionen können weiter differenziert werden, sodass Stadtentwicklungskonzepte eine genauere Datengrundlage haben. Auch die Bundesländer haben eigene Differenzierungskategorien, welche bei Länderpolitischen Angelegenheiten in Betracht kommen (Spangenberg 2008).

Folgende Abbildung verdeutlicht die grundlegende Typisierung nach dem BBR.

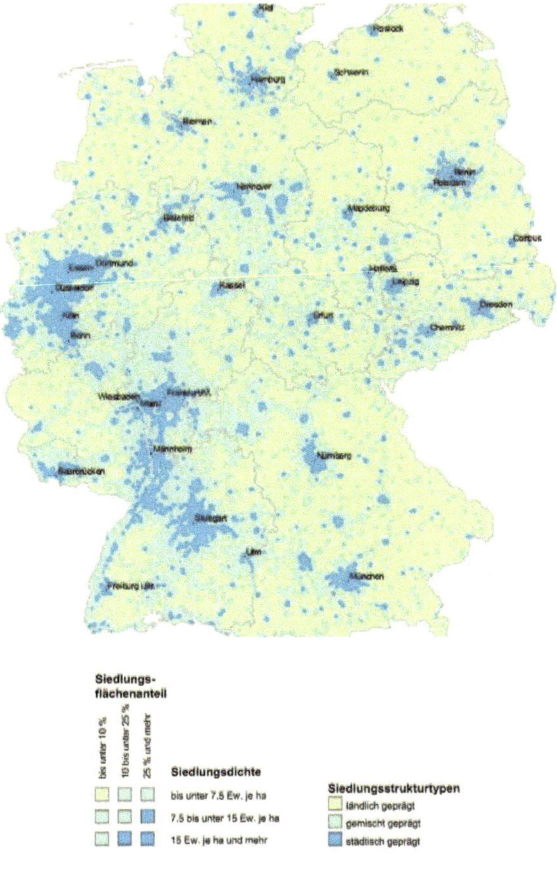

Abbildung 1: Definition von Ländlichkeit nach BBR (Quelle: BBR 2008)

Die Einteilung der OECD basiert auf dem Konzept der territorialen Ebenen. Dabei wird das Gebiet der EU-27 (europäische OECD Mitgliedstaaten) in zwei territoriale Ebenen unterteilt. Die obere Ebene – TL 2 – besteht aus 300 Makrogebieten, die untere Ebene – TL 3 – aus mehr als 2300 Mikrogebieten (Crosta & Maguire 2007). Auf Grundlage dessen werden die Regionen typologisiert. Drei Typen werden von der OECD anhand eines Hauptindikators, der Bevölkerungsdichte, vorgeschlagen:

- **Vorwiegend ländlich (rural):** Laut OECD sind dies Kommunen in denen über 50 % der Einwohner in ländlichen Gebieten leben. Als ländlich gilt eine Bevölkerungsdichte von weniger als 150 Einwohnern pro km².
- **Vorwiegend städtisch (urban):** Dabei handelt es sich um Gebiete in denen weniger als 15 % der Bevölkerung im ländlichen Raum lebt.
- **Intermediär (semirural):** Hierbei handelt es sich um Regionen mit einem ländlichen Bevölkerungsanteil von 15 – 50 %.

Neben dieser Einteilung kann man gemäß OECD die Regionen auch auf Grundlage ihrer urbanen Zentren einteilen. So ist ein Gebiet, welches ursprünglich als ländlich definiert wurde intermediär, sobald es ein städtisches Zentrum von mindestens 200.000 Einwohnern aufweist, das mindestens 25 % der Bevölkerung ausmacht. Ein Gebiet was ursprünglich als intermediär definiert wurde, gilt als vorwiegend städtisch, falls ein urbanes Zentrum von 500.000 Einwohnern besteht, welches auch hier mindestens 25 % der Bevölkerung ausmachen.

Abbildung 2 zeigt die OECD Klassifizierung der TL 3 Gebiete für Deutschland.

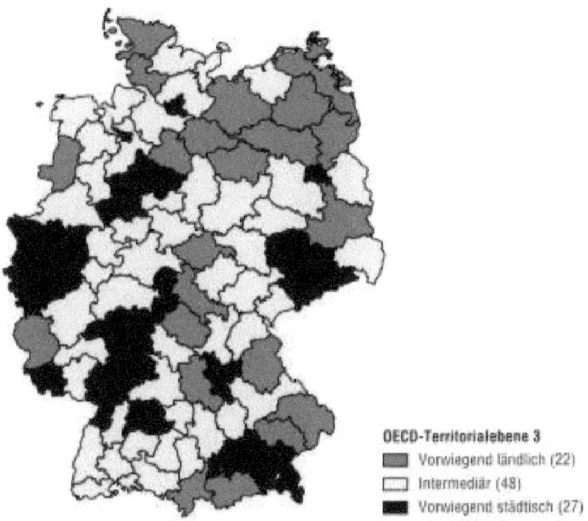

Abbildung 2: Definition von Ländlichkeit nach OECD (Quelle: OECD 2007)

3. Ländliche Regionen in Deutschland – Die aktuelle Situation

Bezeichnend für die ländlichen Gebiete in Deutschland ist ihre sehr stark ausgeprägte Heterogenität. Die Spanne reicht von stark wachsenden Regionen, wie dem Emsland, Oldenburger Münsterland oder Bodensee Oberschwaben, bis zu stark schrumpfenden Regionen wie dem Wendland oder dem gesamten Bereich Vorpommern (Berlin Institut für Bevölkerung und Entwicklung 2004).

Laut Prognose des Berlin Instituts für Bevölkerung und Entwicklung, weisen zukünftige Szenarien allerdings auf eine zunehmende Bevölkerungsschrumpfung im ländlichen Raum hin und auf eine sich verstärkende Strukturschwäche. Abbildung 3 zeigt den prognostizierten Trend.

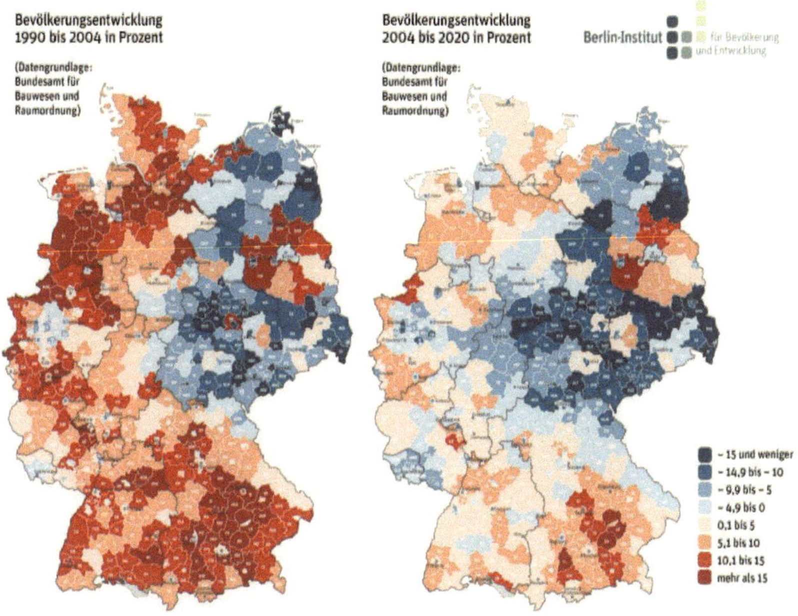

Abbildung 3: Prognostizierte Bevölkerungsentwicklung bis 2020 (Quelle: Berlin Institut für Bevölkerung und Entwicklung 2004)

Ein weiteres typisches Merkmal der aktuellen Situation im ländlichen Raum ist die ausgeprägte Mehrdimensionalität der Einflussfaktoren. Die wesentlichsten Faktoren sind: Demografie, Wirtschaft und Beschäftigung, Versorgungsstruktur und Infrastruktur, kommunale Finanzen, Bildung und Qualifizierung, Kulturlandschaft, Naturkapital, Tourismuspotential, Klimawandel, Regionalimage und regionale Handlungsoptionen. (Mose & Nischwitz 2009)

Aufgrund des sich abzeichnenden Trends, ist es sinnvoll die Einflussfaktoren auf die schrumpfenden Regionen zu beziehen und deren aktuelle Situation genauer zu betrachten. Zudem ist die Brisanz der Situationen in strukturschwachen Gebieten um einiges höher und rechtfertigt eine bevorzugte Betrachtung.

Der Umfang dieser Arbeit wird der Betrachtung aller Einflussfaktoren nicht gerecht. Aus diesem Grund wird sich auf die vier zentralen Anliegen – in Abbildung 4 dargestellt – laut OECD Prüfbericht zur Politik für ländliche Räume in Deutschland beschränkt (Crosta & Maguire 2007).

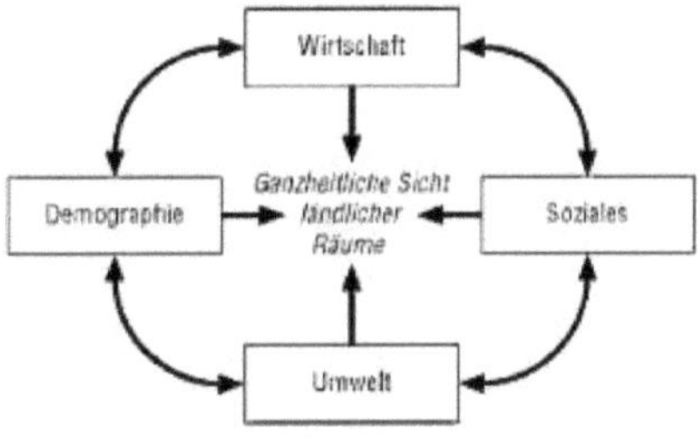

Abbildung 4: Zentrale Einflüsse für den ländlichen Raum (Quelle: Crosta & Maguire 2007)

Der Demografische Wandel ist eines der zentralen Themen im ländlichen Raum. Bemerkbar wird das demografische Dilemma durch Abwanderung junger und qualifizierter Menschen, vor allem Frauen sowie einer Überalterung dieser Gebiete. Als Resultat kommt es zum Leerstand von Wohnungen und einem Preisverfall auf dem Immobilienmarkt. Auf dem Arbeitsmarkt entwickelt sich ein zunehmender Fachkräftemangel, der die wirtschaftliche Leistungsfähigkeit hemmt. Auch das regionale Image leidet unter einem erhöhten Leerstand. Die überalterte Gesellschaft verursacht eine starke Belastung der Gesundheitsinfrastruktur. Die Bildungsinfrastruktur kann teilweise nicht mehr aufrecht erhalten werden, da die Mindestkapazitäten für Schulklassen oder den Schülerverkehr nicht gewährleistet werden können. Generell führt dies zu Problemen für die Tragfähigkeit der technischen und sozialen Infrastruktur. (Mose & Nischwitz 2009)

Wirtschaftlich zeichnen sich die schrumpfenden ländlichen Gebiete durch eine geringe regionalwirtschaftliche Leistungsfähigkeit aus. Der Hauptindikator dafür, ist ein unterdurchschnittliches Bruttoinlandsprodukt (BIP) pro Kopf. Die wirtschaftliche Monostruktur (einseitige Strukturierung auf Landwirtschaft, Tourismus oder alte Industriezweige) in vielen ländlichen Räumen sorgt für eine geringe Innovationsfähigkeit. Unternehmen für Forschung und Entwicklung sind daher in den peripheren Gebieten Deutschlands nur sehr selten vorhanden. Aufgrund geringer finanzieller Mittel in den Kommunen sind viele Angebote in Freizeit, Tourismus oder Kultur überaltert. Die fehlende Investitionsfähigkeit verhindert eine nachfragegerechte Modernisierung. Resultierend aus der Demografischen Entwicklung herrscht ein an-

gespannter Arbeitsmarkt mit hoher struktureller Arbeitslosigkeit und einen geringen Qualifizierungsgrad der Arbeitnehmer. (Mose & Nischwitz 2009)

Im Bereich **Soziales** ist es vorrangig der Bildungssektor, welcher vor großen Herausforderungen steht. So ist die Bereitstellung von berufsbildenden und allgemeinbildenden Schulen zukünftig fraglich, da eine wirtschaftliche Tragfähigkeit unter Schrumpfungsbedingungen nicht mehr gewährleistet werden kann. Die soziale Infrastruktur reduziert zunehmend ihr Angebot an sozialen Einrichtungen, die Grundleistungen der Krankenversorgung und die Versorgungseinrichtungen werden verringert. Beides resultiert aus den hohen Abwanderungsraten. Zudem verdünnt sich das Angebot an kulturellen Einrichtungen, Sport – und Freizeiteinrichtungen. (Mose & Nischwitz 2009)

Der Klimawandel ist das zentrale Thema für den **Umwelt**bereich. Regional werden die Folgen sehr spezifisch sein und entsprechende Anpassungsmaßnahmen nach sich ziehen. Insbesondere der landwirtschaftliche Sektor muss sich mit den Szenarien auseinander setzen, um mögliche Ernteausfälle zu vermeiden. Der Klimawandel birgt allerdings auch Chancen. Vor allem im Bereich Tourismus können steigende Temperaturen zu einer erhöhten Nachfrage in Gebieten mit vielen Bademöglichkeiten (z.B. Mecklenburger Seenplatte) führen. (Mose & Nischwitz 2009)

4. Politische Instrumente und Ansätze für den ländlichen Raum in Deutschland

In Deutschland existieren zwei zentrale Leitbilder für die Raumordnung und Raumplanung. Laut Artikel 72 Grundgesetz, einerseits das Leitbild „Gleichwertige Lebensverhältnisse" und laut Paragraph 1 Absatz 2 Raumordnungsgesetz, andererseits das Leitbild „Nachhaltige Raumentwicklung". Auch die Politik für den ländlichen Raum orientiert sich an diesen beiden Prinzipien.

Laut Tröger-Weiss bedeutet Gleichwertigkeit für den Raum das Vorhandensein von gleichwertigen Startchancen, vergleichbare Entwicklungsmöglichkeiten für die Regionen, vergleichbarer Zugang zu öffentlichen und privaten Einrichtungen der Daseinsvorsorge, vergleichbarer Zugang zu Fördermöglichkeiten der EU, des Bundes und der Länder, vergleichbare Möglichkeiten zur Gestaltung des Strukturwandels, vergleichbare Lebensqualitäten, vergleichbare Qualifikationschancen für Arbeitnehmer und vergleichbare Innovationsmöglichkeiten für Unternehmen. (Tröger-Weiss 2011)

Das Postulat der Nachhaltigen Raumentwicklung wird im ROG wie folgt konkretisiert: *„Leitvorstellung bei der Erfüllung der Aufgabe nach Absatz 1 ist eine nachhaltige Raumentwicklung, die die sozialen und wirtschaftlichen Ansprüche an den Raum mit seinen ökologischen Funktionen in Einklang bringt und zu einer dauerhaften, großräumig ausgewogenen Ordnung mit gleichwertigen Lebensverhältnissen in den Teilräumen führt."* (§ 1 Abs. 2 ROG).

Folglich stellt sich die Frage, wie sich diese beiden Leitbilder durch geeignete Instrumentarien erreichen lassen. Wie bereits in Kapitel 3 beschrieben, sind es insbesondere Schrumpfungsregionen, welche bei der Politik für den ländlichen Raum betrachtet werden sollten. Zugang zu öffentlichen und privaten Einrichtungen der Daseinsvorsorge oder Innovationsmöglichkeiten für Unternehmen sowie Qualifizierungsmöglichkeiten für Arbeitnehmer scheinen unter den Bedingungen des Strukturwandels nur sehr schwer aufrecht zu erhalten. Ob die derzeitigen Instrumente in der Lage sind mit den Entwicklungen in den strukturschwachen peripheren Räumen umzugehen und dabei auch die Postulate der Raumordnung beachtet werden, wird in den folgenden Unterkapiteln betrachtet.

4.1. Maßnahmen der Strukturpolitik

Prägend für die Politik ländlicher Räume in Deutschland sind zwei zentrale Instrumente der Strukturpolitik. Die Gemeinschaftsaufgabe „Verbesserung des Küstenschutzes und der Agrarstruktur" (GAK) sowie die Gemeinschaftsaufgabe „Verbesserung der regionalen Wirtschaftsstruktur" (GRW). Beide Säulen sind in Artikel 91a des Grundgesetzes festgehalten.

Die **GAK** zeichnet sich vor allem durch eine traditionelle Ausrichtung auf die Landwirtschaft aus. Daraus resultierend, richten sich die Maßnahmen vorrangig an die Förderung der Agrarstruktur (Bundesministerium für Ernährung, Landwirtschaft und Verbraucherschutz (BMELV) 2012). Damit die Fördermittel der GAK verstärkt werden können, entsprechen die Maßnahmen dem Anwendungsbereich des ELER Fonds (Europäischer Landwirtschaftsfonds für die Entwicklung des ländlichen Raums).

Die GAK formuliert drei zentrale Anwendungsbereiche (BMELV 2012):

- Erhalt der Leistungsfähigkeit von Forst – und Landwirtschaft für zukünftige Anforderungen
- Förderung der Wettbewerbsfähigkeit von regionaler Forst – und Landwirtschaft auf dem europäischen Markt und
- Verbesserung des Küstenschutzes.

Neben den Fördermitteln aus dem ELER Fonds, finanziert sich die GAK aus Bundes – und Ländermitteln. Zu 60 Prozent sind die Fördermittel aus dem Bundeshaushalt und zu 40 Prozent aus den Länderhaushalten. Angemerkt sei, dass die Fördermittel, welche über den Bund bereit gestellt werden, den ELER Fond einbeziehen. (BMELV 2012)

Grundsätze, Ziele und Verfahrensfragen sind im GAK – Gesetz (GAKG) vom 03.09.1969 in der Fassung vom 21.7.1988 festgelegt.

Von Bedeutung für die Verteilung der Fördermittel ist der Rahmenplan, welcher für den Zeitraum von vier Jahren die Finanzplanung beschreibt. Wesentliche Inhalte sind Fördergrundsätze, Fördervoraussetzungen, Art und Höhe der Förderung sowie die Verteilung der Bundesmittel auf die Länder. Aktuell gilt der Rahmenplan für den Zeitraum von 2011 bis 2014.

Abbildung 5 fasst die wichtigsten Zusammenhänge der GAK zusammen.

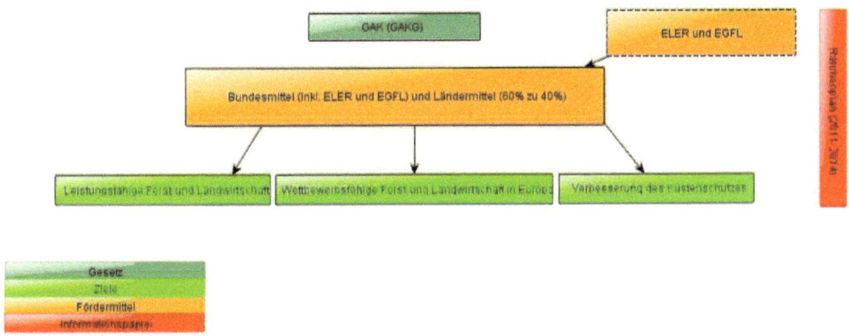

Abbildung 5: GAK (Quelle: eigene Darstellung)

Die **GRW** dient als Mittel zur regionalen Wirtschaftstrukturförderung. Im Gegensatz zur GAK, die sich auf Agrarförderung und Küstenschutz bezieht, erfasst die GRW ein größeres Spektrum.

Laut Bundesministerium für Wirtschaft und Technologie (BMWi) dient die GRW als Ausgleichs – und Wachstumsinstrument (BMWi 2012). Die ausgleichende Funktion bezieht sich auf strukturschwache Räume, welche nach dem Prinzip der Subsidiarität (Selbstbestimmung und Eigenverantwortung) an den Bundesdurchschnitt angepasst werden sollen. Die Funktion als Wachstumsinstrument zielt darauf ab, in strukturschwachen Regionen gezielte investive Wachstumsimpulse zu geben, um eine Dynamik zu initiieren, welche die Wirtschaftsstruktur fördert und konsolidiert.

Die Förderung über die GRW erfolgt nur in ausgewählten strukturschwachen Gebieten. Die Fördermittel werden von Bund und Ländern zu je 50 Prozent bereit gestellt. Den Ländern obliegt laut Artikel 30 des Grundgesetzes die Kompetenz zu entscheiden, wie die Art und Weise der Förderung abläuft. Auch bei der GRW werden unterstützend EU Mittel verwendet, in diesem Fall der EFRE Fonds (Europäischer Fonds für regionale Entwicklung).

Die Fördergebiete werden anhand ihrer Bedürftigkeit und den europäischen Regionalbehilferegeln (EU Beihilferecht) festgelegt. Mittels eines ausdifferenzierten Indikators aus Größen des Arbeitsmarktes und des regionalen Einkommens wird eine Rangfolge festgelegt, welche die Regionen von der strukturstärksten bis zur strukturschwächsten ordnet. Auf Grundlage dessen wird das jeweilige Fördervolumen festgelegt. (BMWi 2012)

Abbildung 6 zeigt das aktuelle Fördergebiet von 2007 bis 2013.

Abbildung 6: Fördergebiet der GRW 2007-2013 (Quelle: Bundesamt für Bauwesen und Raumordnung 2008)

Die Farben zeigen die Förderhöchstsätze für Investitionsvorhaben der gewerblichen Wirtschaft. Blau eingefärbte Gebiete erhalten einen Förderungshöchstsatz von 30 %, gelb eingefärbte Regionen einen Höchstsatz von 15 % und grün eingefärbte Gebiete einen Höchstsatz von 10 % bis 15 %. Grau hinterlegte Regionen erhalten keine Förderung.

Als rechtliche Grundlage für die GRW gilt das GRW Gesetz (GRWG) von 6. Oktober 1969 in der Fassung vom 7. September 2007. Als rechtlicher Rahmen zum Gesetz trat am 6. August 2009 der Koordinierungsrahmen GRW in Kraft. Er enthält die grundsätzlichen Leitlinien, Förderregeln und Fördersätze sowie das Fördergebiet. Als dynamisches Element wird der Koordinierungsrahmen sowie das Regelwerk der GRW in regelmäßigen Abständen von vier bis fünf Jahren überarbeitet. (BMWi 2012)

Die wichtigsten Ziele der GRW sind (BMWi 2012):

- Die Förderung gewerblicher Investitionen in den strukturschwachen Gebieten, vor allem im Mittelstand
- Der Ausbau einer leistungsfähigen kommunalen Infrastruktur als Voraussetzung für die Ansiedlung von Unternehmen und zur Stärkung der regionalen Wettbewerbsfähigkeit und
- Nicht investive Förderungen wie regionale Entwicklungskonzepte oder Clustermanagement zur Aktivierung der Menschen vor Ort.

Abbildung 7 fasst die wichtigsten Zusammenhänge der GRW zusammen.

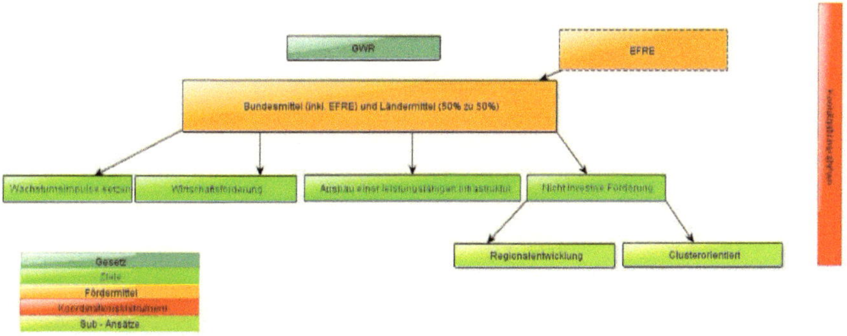

Abbildung 7: GRW (Quelle: eigene Darstellung)

4.2. Lokale und regionale Ansätze

Neben den politischen Möglichkeiten der Strukturpolitik sind lokale und regionale Partnerschaften ein weiteres Instrument im ländlichen Raum. Die Ansätze zeichnen sich durch folgende Kriterien aus (Elbe & Schubert 2008):

- Partizipation der Bürger am Prozess
- Integration aller beteiligten Akteure
- Anpassung an die speziellen Erfordernisse in einer Region.

Die wichtigsten Programme für Deutschland sind (Mose & Nischwitz 2009):

- LEADER
- Regionen Aktiv
- Lokale Agenda 21 Prozesse
- Dorferneuerungen
- Integrierte ländliche Entwicklungskonzepte (ILEK)
- Stadtmarketing und
- Regionale Wertschöpfungspartnerschaften (RWP).

Im Folgenden wird beispielhaft auf das LEADER Programm eingegangen, da es das derzeitig am meisten etablierte darstellt (Mose & Nischwitz 2009).

Das LEADER Programm wurde 1991 als Gemeinschaftsinitiative der Europäischen Union gegründet. Die einzelnen Buchstaben sind eine Abkürzung für das französische „Liaison entre actions de développement de l'économie rurale", was als „Verbindung zwischen Aktionen zur Entwicklung des ländlichen Raumes" übersetzt werden kann. Ziel ist es die ländlichen Regionen Europas in ihrer unabhängigen Entwicklung zu unterstützen und eine selbstständige Regionalentwicklung zu fördern. (Netzwerk ländlicher Räume 2012)

LEADER ist ein methodischer Ansatz. Die lokalen Akteure werden aktiv in den Prozess einbezogen. Durch dieses Vorgehen versucht man, das Potential einer Region besser zu nutzen. (Netzwerk ländlicher Räume 2012)

Sieben wesentliche Merkmale prägen das LEADER Programm (Netzwerk ländlicher Räume 2012):

1. Bottom – up Prinzip:
   Einbindung der wesentlichen lokalen Akteure (Öffentlich, Wirtschaftlich, Sozial, Privat) in die Ausarbeitung von Regionalen Entwicklungsstrategien.

2. Lokale Public – Private Partnerships (PPP):
   Bei LEADER werden Lokale Aktionsgruppen (LAG) mit Wirtschafts – und Sozialpartnern, welche jeweils zur Hälfte vertreten sein müssen, gegründet. Sie bestimmen den LEADER Prozess und werden vom Regionalmanagement unterstützt.

3. Integrierte, multisektorale Ausgestaltung:
   Beteiligte aus Wirtschaft, Umwelt, sozialen Bereichen und öffentlichen Bereiche agieren gemeinsam und sind miteinander verbunden.

4. Innovation:
   LEADER Projekte sollen innovativ gestaltet werden, um neue Wege und Perspektiven zu eröffnen.

5. Kooperation:
   LEADER Regionen haben die Möglichkeit mit anderen europäischen LEADER Regionen eine gebietsübergreifendes Kooperationsobjekt umzusetzen.

6. Vernetzung:
   Durch die Unterstützung von nationalen und europäischen Vernetzungsstellen wird den Regionen gebietsübergreifender Informations – und Wissenstransfer ermöglicht.

7. Territoriale lokale Entwicklungsstrategien:
   Konzentration auf räumlich genau abgegrenzte ländliche Gebieten und deren regionale Besonderheiten.

Seit 2006 sind die LEADER Entwicklungsprogramme Bestandteil des ELER Fonds. Daher ist aus der ehemaligen Gemeinschaftsinitiative ein integrierter Bestandteil des ELER geworden (Mainstreaming). Für die Finanzierung von LEADER Programmen sieht die ELER Verordnung einen Mindestanteil von 5 Prozent und einen maximalen Anteil von 55 Prozent des

Budgets des jeweiligen Programms vor. In Deutschland erfolgt die Mittelverteilung durch die Bundesländer. (Netzwerk ländlicher Räume 2012)

Die aktuelle Förderphase läuft von 2007 bis 2013 und unterstützt 244 Regionen in Deutschland. Abbildung 8 zeigt die derzeitigen LEADER Regionen in Deutschland.

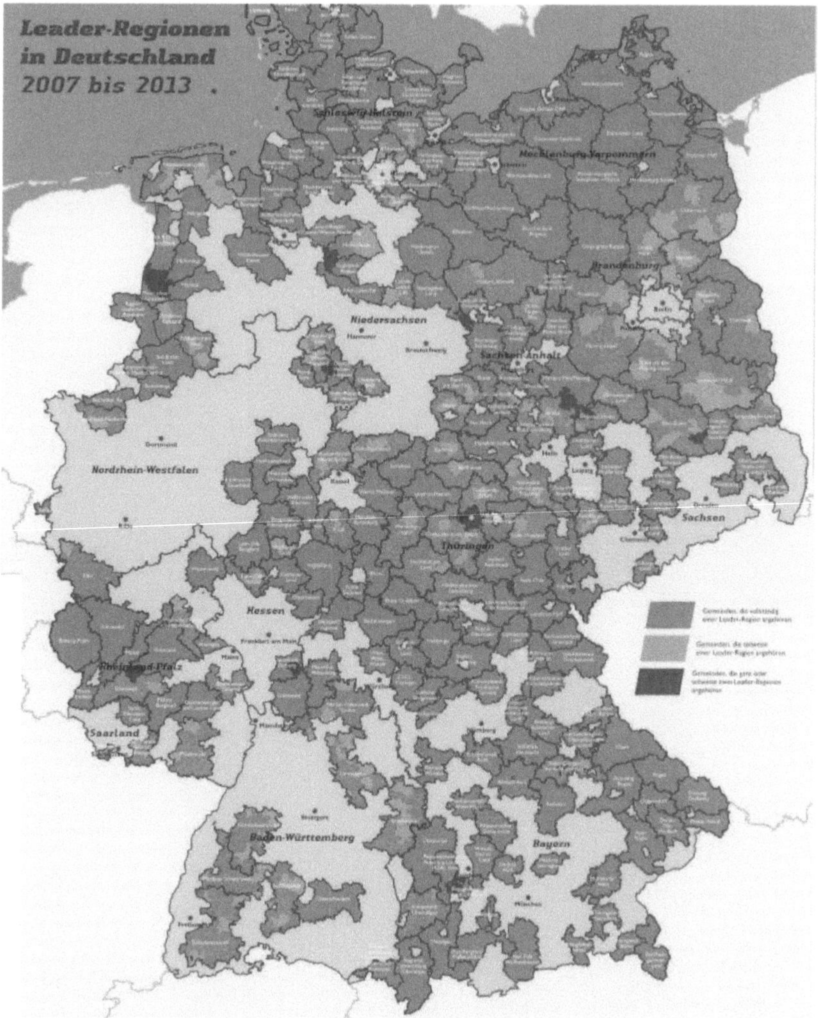

Abbildung 8: Deutsche LEADER Regionen (Quelle: Netzwerk ländlicher Räume 2012)

5. Gründe für Verbesserungen und Verbesserungspotential für die ländliche Politik in Deutschland

Die Instrumente für den ländlichen Raum in Deutschland sind momentan noch stark auf die traditionellen Merkmale des ländlichen Raumes ausgerichtet. Vor allem die GAK zeigt eine deutliche Orientierung in Richtung Agrarwirtschaft. Kapitel 3 hat zum Ausdruck gebracht, dass die derzeitige Situation in den ländlichen Räumen Deutschlands allerdings vorrangig mit einer schrumpfenden Bevölkerung, einer zunehmenden Strukturschwäche und einer steigenden Belastung der wirtschaftlichen Tragfähigkeit der öffentlichen Daseinsvorsorge zu beschreiben ist. Die derzeitigen politischen Instrumente – vorrangig die beiden Gemeinschaftsaufgaben – beziehen diese Kriterien noch zu wenig in ihre Maßnahmen ein. (Mose & Nischwitz 2009)

Laut Akademie für Raumforschung und Landesplanung (ARL) resultiert aus dieser Ungleichheit zwischen derzeitiger Lage und derzeitigen politischen Instrumentarium ein hohes Potential an Verbesserungen. (Mose & Nischwitz 2009)

Tabelle 1 zeigt eine Auswahl von Verbesserungsvorschlägen laut ARL.

Reform der inneren Organisation	Reform der strukturpolitischen Maßnahmen	Reform des kommunalen Finanzhaushalts
Integration aller relevanten Behörden und Einrichtungen (wie bspw. Entwicklungsagenturen in Schottland oder Österreich)	Entkopplung von landwirtschaftlicher Förderung und regionaler Strukturpolitik (bezieht sich auf die GAK).	Ausgaben senken durch Verwendung von E-Services und mobilen Techniken (Einsparung von Büroflächen, Effizienzsteigerung)
Interkommunale Zusammenarbeit (z.B. in Bezug auf die öffentliche Daseinsvorsorge)	Eine allumfassende Gemeinschaftsaufgabe definieren welche nicht um Mittel konkurrieren muss (z.B. Gemeinschaftsaugabe „Nachhaltige ländliche Entwicklung").	Subjektförderung anstelle der Objektförderung (z.B. Mobilitätspunkte für die häufige Verwendung des öffentlichen Personennahverkehrs).
Arbeitsteilung zwischen den beteiligten Akteuren, Bürgerschaftliches Engagement fördern und neue Kommunikationsformen nutzen.	Abkehr vom Stadt-Land Dualismus (Förderung von Städten und dem Umland).	Einbezug raumplanerischer Aspekte in die Planung der Kommunalfinanzen (Vermeidung von Überangeboten und Unterschreitung der Mindestkapazitäten)
Flexiblere und schnellere Verwaltungsabläufe.	Verwendung des Gegenstromprinzips anstelle von Top-Down Ansätzen (wie bei LEADER).	Strategiebasierte Förderung anstelle von Zielbasierter Förderung (z.B. Förderung für ein „positives Verhalten" der Region).
Noch stärkere Förderung regionaler Partnerschaften (z.B. LEADER).	Konzentration der Förderung auf Infrastruktur und regionale Städte (Motor regionaler Wirtschaftsentwicklung)	

Tabelle 1: Verbesserungvorschläge für die ländliche Politik in Deutschland laut ARL (Quelle: Mose & Nischwitz 2009)

6. Schlussbemerkung

Politik für den ländlichen Raum stellt ein Aufgabenfeld dar, welches durch die Mehrdimensionalität der Einflussfaktoren eine hohe Komplexität inne hat. Geeignete politische Instrumente sind demnach schwer zu definieren. Schon bei der Definition von Ländlichkeit herrscht kein Konsens. Trotzdem existieren in Deutschland politische Ansätze, welche sich explizit auf ländliche Regionen beziehen. Diese Instrumente decken allerdings nicht alle Aspekte gleichermaßen ab. Aufgrund sich abzeichnender zukünftiger Veränderungen in den ländlichen Gebieten Deutschlands, ergibt sich ein Verbesserungspotential, welches zukünftig an Relevanz gewinnen kann.

7. Literatur- und Quellenverzeichnis

Crosta & Maguire 2007 „OECD – Prüfbericht zur Entwicklung ländlicher Räume – Deutschland“ 1. Aufl. Paris.

Elbe & Schubert 2008 „Regionale Wertschöpfung durch Partnerschaft: Mehr Ökonomie in integrierten Ansätzen, mehr integrierte Ansätze in der Ökonomie“, ASG Ländlicher Raum, Nr. 1, S. 39 – 42.

Friedrich S. et al. 2009 „Zukünftige Herausforderungen für den ländlichen Raum in Deutschland und Europa – die Megatrends“, 1. Aufl. Berlin.

Mose, I. & Nischwitz, G. 2009 „Anforderungen an eine regionale Entwicklungspolitik für ländliche strukturschwache Räume“ 1. Aufl. Hannover.

Spangenberg M. 2008 „Ländlichkeit und Peripheralität“ 1. Aufl. Bonn.

Tröger-Weiss G. 2011 „Gleichwertige Lebensverhältnisse als Handlungsfeld der Raumordnung“ 1. Aufl. Berlin.

Dehne P. et al. 2008 „Politik für periphere ländliche Räume: Für eine eigenständige und selbstverantwortliche Regionalentwicklung“ 1. Aufl. Hannover.

Rechtsquellen

Bundesministerium für Ernährung, Landwirtschaft und Verbraucherschutz 2011 „Nationaler Strategieplan der Bundesrepublik Deutschland für die Entwicklung ländlicher Räume 2007 – 2013“. Stand: 04.10.2011. Berlin.

Bundesministerium für Ernährung, Landwirtschaft und Verbraucherschutz 2008 „So haben ländliche Räume Zukunft: Ergebnisse und Erfahrungen des Modellvorhabens REGIONEN AKTIV“. Berlin.

Bundesministerium für Wirtschaft und Technologie 2009 „Koordinierungsrahmen der Gemeinschaftsaufgabe „Verbesserung der regionalen Wirtschaftsstruktur“ ab 2009“. Stand: 08.09.2009. Berlin.

Gesetz über die Gemeinschaftsaufgabe „Verbesserung der Agrarstruktur und des Küstenschutzes“ [GAK – G] i.d.F.v. 21.7.1988.

Raumordnungsgesetz [ROG] in der Fassung vom (i.d.F.v.) 22. 12. 2008. § 1 Abs. 2.

Internetquellen

Akademie für Raumforschung und Landesplanung 2012 in: http://www.arl-net.de/lexica/de/agglomeration?lang=en, 30.05.2012.

Bundesministerium für Ernährung, Landwirtschaft und Verbraucherschutz 2012 in: http://www.bmelv.de/DE/Landwirtschaft/Direktzahlungen-Foerderung/GAK/gak_node.html, 29.06.2012.

Bundesministerium für Wirtschaft und Technologie 2012 in: http://www.bmwi.de/BMWi/Navigation/Wirtschaft/Wirtschaftspolitik/Regionalpolitik/gemeinschaftsaufgabe,did=151112.html, 02.06.2012.

Netzwerk Ländliche Räume 2012 in: http://www.netzwerk-laendlicher-raum.de/regionen/leader/leader-methode/, 22.05.2012.